**Bibliografische Information der Deutschen Nationalbibliothek:**

Die Deutsche Bibliothek verzeichnet diese Publikation in der Deutschen National-
bibliografie; detaillierte bibliografische Daten sind im Internet über http://dnb.d-
nb.de/ abrufbar.



**Impressum:**

Copyright © 2014 GRIN Verlag, Open Publishing GmbH
Druck und Bindung: Books on Demand GmbH, Norderstedt Germany
ISBN: 9783656875017

**Dieses Buch bei GRIN:**

http://www.grin.com/de/e-book/287289/untergewicht-und-mangelernaehrung-in-
der-ueberflussgesellschaft

**Sven-David Müller**

# Untergewicht und Mangelernährung in der Überflussgesellschaft

## Zunehmen leicht gemacht, Ernährung bei Untergewicht, Diät bei Untergewicht, Magersucht und Bulimie

GRIN Verlag

**Untergewicht und Mangelernährung in der Überflussgesellschaft**

*Von Dr. h.c. (AM) Sven-David Müller, MSc.*

Mangelernährung und Untergewicht im Schlaraffenland Deutschland? Kaum vorstellbar! Doch in Deutschland wiegen nach einer Auswertung des Gesundheitssurveys des Robert-Koch-Instituts (1999) zwischen 1,9 und 6,8 Prozent der Menschen zu wenig. Nach einer Untersuchung des statistischen Bundesamtes in Wiesbaden sind 1,97 Millionen Menschen in Deutschland sogar so leicht, dass der Arzt bei ihnen eine Mangelernährung mit deutlichem Untergewicht diagnostiziert. Untergewicht und Mangelernährung stellen eine akute gesundheitliche Gefährdung dar. Betroffen sind insbesondere Senioren, Personen mit Essstörungen, Krebskranke, HIV-Infizierte, Patienten mit chronischen Magen-Darm-Erkrankungen sowie obstruktiven Lungenerkrankungen. Aber es gibt natürlich auch Menschen, die früher als schlechte Futterverwerter beschrieben worden sind, die durch genetisch bedingte Stoffwechselprozesse, Energie schlecht auswerten und/oder viel verbrauchen.

Der menschliche Organismus benötigt täglich ein ausgewogenes Verhältnis an Kohlenhydraten, Proteinen, Lipiden, Nahrungsfasern (Ballaststoffen), Flüssigkeit, Vitaminen, Mineralstoffen und sekundären Pflanzenstoffen. Dieser Beitrag gibt Ihnen Anhaltspunkte, worin die einzelnen Nähr- und Wirkstoffe enthalten sind und enthält Tricks, die zur optimalen Ernährung führen, Mangelzustände ausgleichen helfen und ein gesundes Zunehmen möglich machen. Dabei hilft die früher als Astronautenkost bezeichnete Trink- und Sondennahrung aus der Apotheke. Betroffene fühlen sich damit wohler und es gelingt ihnen zuzunehmen. Zudem können sie Krankheiten – insbesondere konsumierende Krankheiten wie Krebsleiden - besser verkraften. Aber: Es ist ein langer Weg. Zunehmen ist für Untergewichtige mindestens genauso schwer wie Abnehmen für Übergewichtige.

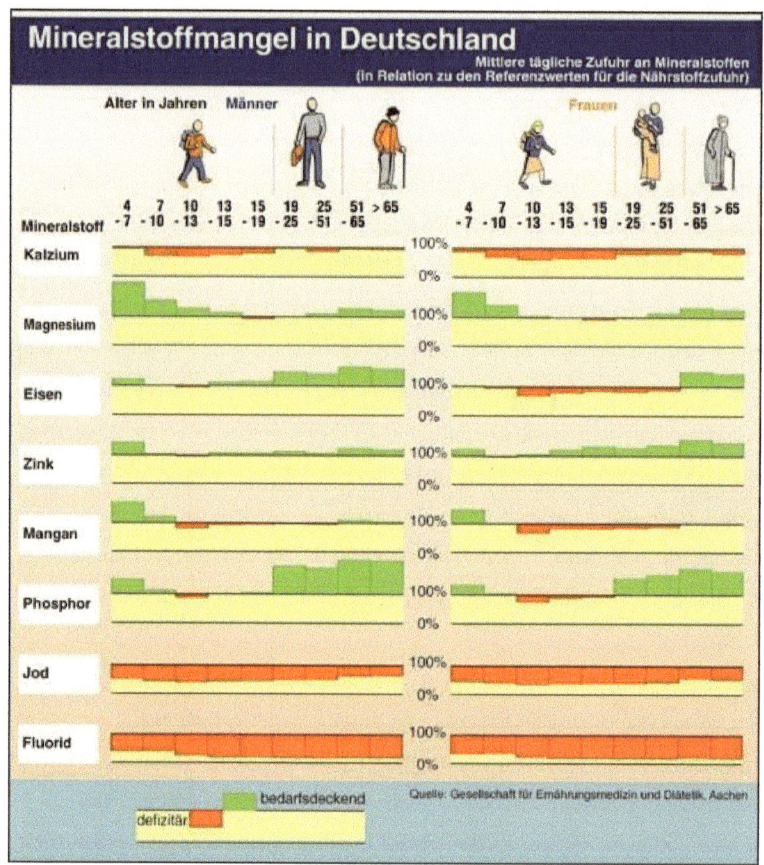


**Zu mager ist ungesund!**

„Deine Sorgen hätte ich auch gerne!" Das hören Untergewichtige häufig, wenn sie sich wünschen, endlich zuzunehmen. Für Übergewichtige ist es ein Wunschtraum – für Dünne eher ein Alptraum, denn sie fühlen sich insgesamt nicht wohl in ihrer Haut. In einer Gesellschaft, in der fast jeder abnehmen will, nimmt kaum jemand die Probleme und den Leidensdruck Untergewichtiger ernst. Aber es geht nicht nur um soziale und psychische Faktoren, denn Untergewicht und Mangelernährung können massive gesundheitliche Auswirkungen - bis zum Tod – haben. sind nicht allein. In Deutschland haben rund 2,3 Prozent, das bedeutet 1,9 Millionen Menschen einem BMI unter 18,5 und sind damit untergewichtig. Die Zahl der Mangelernährten ist um ein vielfach höher, da hiermit auch

Jodmangel, Kalziummangel, Vitamin D- Mangel, Fluoridmangel, Selenmangel oder

Folsäuremangel gemeint sind.

**Anteil Untergewichtiger an der Gesamtbevölkerung**

(Quelle: Statistisches Bundesamt, Wiesbaden)

**Personengruppe BMI unter 18,5**

Männer 0,9%

Frauen 3,6%

insgesamt 2,3 %

Untergewicht kann viele Ursachen haben: es kann durch chronische Krankheiten entstehen, durch Essstörungen, durch Appetitverlust im Alter, durch Stress oder einfach auch durch Vererbung.

Nicht jede Mangelernährung bedeutet Untergewicht! Eine Ernährung, die reich an Fett und/oder Zucker ist, macht zwar dick, deckt aber nicht den Bedarf an Vitaminen und Mineralstoffen. Selbst Übergewichtige haben häufig eine Unterversorgung der Vitamine D, E, verschiedenen B-Vitaminen und eine unzureichende Zufuhr an Fluorid, Zink, Kalzium oder Jod. Wird der schlanke Habitus bereits mit den Genen weitergegeben, entwickelt sich eher selten aus dem „Spargeltarzan" ein athletisches Kraftpaket. Dennoch gibt es die Möglichkeit, sich mit gesunder, kalorienangereicherter Ernährung ein paar Pfunde anzufuttern.

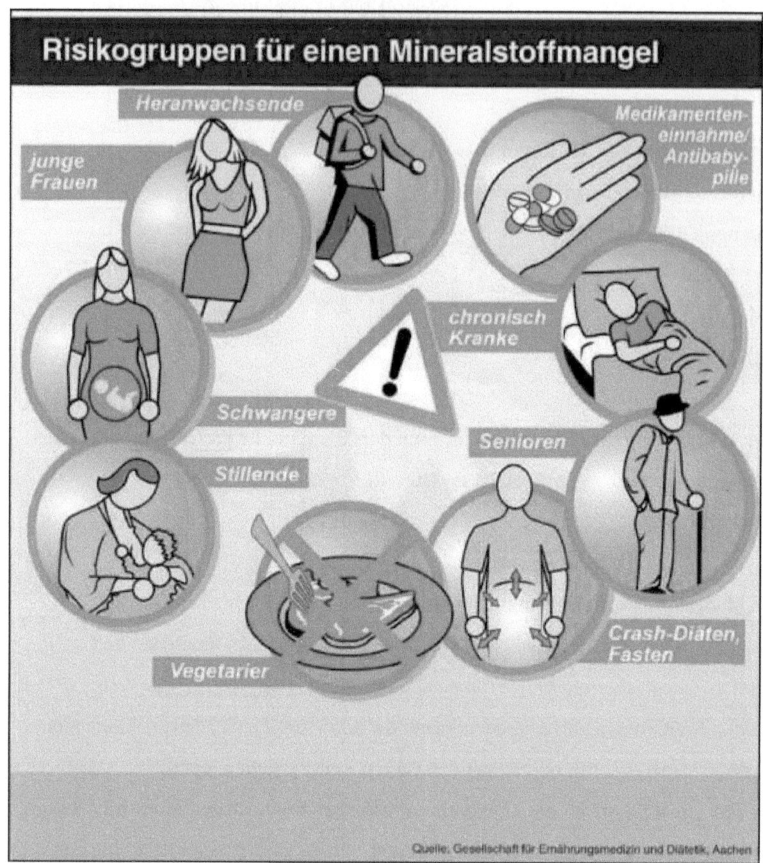


**Übergewichtig oder nicht?**

Eine einfache Methode um festzustellen, ob das Gewicht zu niedrig ist, ist die Ermittlung des Körpermassenindex oder **B**ody-**M**ass-**I**ndex (BMI). Daneben stehen auch noch Methoden wie die bioelektrische Impedanzanalyse (kurz BIA) zur Verfügung. Aber der BMI hat sich bestens bewährt. Dabei wird das Verhältnis von Körpergewicht zum Quadrat der Körpergröße berechnet.

**Einteilung der Körperkompartimente (Elmadfa et al 1998)** (Knomin. = Knochenmineralien)

| I | Körpergewicht | | |
|---|---|---|---|
| II | Fettfreie Masse | | Fett |
| III | Zellmasse | Extrazell. Masse | Fett |
| IV | Kno. min. / Protein / Wasser | | Fett |

| | |
|---|---|
| I | das Körpergewicht für die Körperebene als Ganzes = Ein-Kompartiment-Modell |
| II | Zwei-Kompartiment-Modell |
| III | Drei-Kompartiment-Modell |
| IV | Vier-Kompartiment-Modell |

**Body-Mass-Index (BMI):**

Unter 18 Gefährliches Untergewicht

19 bis 25 Normalgewicht

25 bis 27 Leichtes Übergewicht

27 bis 30 Mäßiges Übergewicht

Über 30 Starkes Übergewicht ⇒Adipositas (= Fettsucht)


**Normaler altersabhängiger BMI:**

**Alter BMI**

19 bis 24 19 bis 24

25 bis 34 20 bis 25

35 bis 44 21 bis 26

45 bis 55 22 bis 27

55 bis 64 23 bis 28

über 64 24 bis 29


*Im Alter besser etwas dicker!*

Wissenschaftliche Studien haben gezeigt, dass es ab einem Alter von 60 Jahren gut ist, etwas

mehr „auf den Rippen" zu haben. Günstig ist es, mit dem Gewicht im leichten

Übergewichtsbereich zu liegen. Zu Dünne sind „zerbrechlicher" und weniger

widerstandsfähig gegenüber Krankheiten. Eine Heidelberger Studie zeigte, dass bei

Untergewichtigen das Risiko, früher zu sterben, höher ist.

*Leichtgewichte in Gefahr!*

Jeder 22. Deutsche wiegt zu wenig und jeder 42. ist gefährlich unterernährt. Ein zu geringes Gewicht ist akut gefährlicher als Übergewicht. Untergewicht geht in der Regel mit Mangelzuständen einher. Der Körper ist geschwächt und das Immunsystem angeschlagen. Mangelernährung kann sich durch allgemeine Schwäche, Konzentrations-, Kreislauf- und Wundheilungsstörungen, Dekubitus (Wundliegen), Hautveränderungen, Haarausfall, Verwirrtheit oder bei Frauen durch Ausbleiben der Menstruationsblutung äußern.

**Diagnose der Mangelernährung**

Mangelernährung ist nicht immer mit Unterernährung gleichzusetzen, sondern kann auch eine Unterversorgung an einzelnen Nährstoffen, Vitaminen oder Mineralstoffen bedeuten. Eine Mangelernährung mit Nährstoffen wie beispielsweise Proteine (Eiweiße) lässt sich auf einfache Art und Weise mit der Bioelektrischen Impedanzanalyse (BIA) feststellen. Mit der BIA können Ernährungsmediziner und -fachkräfte die Körperzusammensetzung ermitteln. Dabei wird ein ungefährlicher, nicht zu merkender, schwacher elektrischer Strom durch den Körper geleitet und der Widerstand wird gemessen. Eine Unterversorgung von Vitaminen und Mineralstoffen wird mit Hilfe einer Blutuntersuchung und anderer Methoden (Haarwurzeln und dergl.) festgestellt.

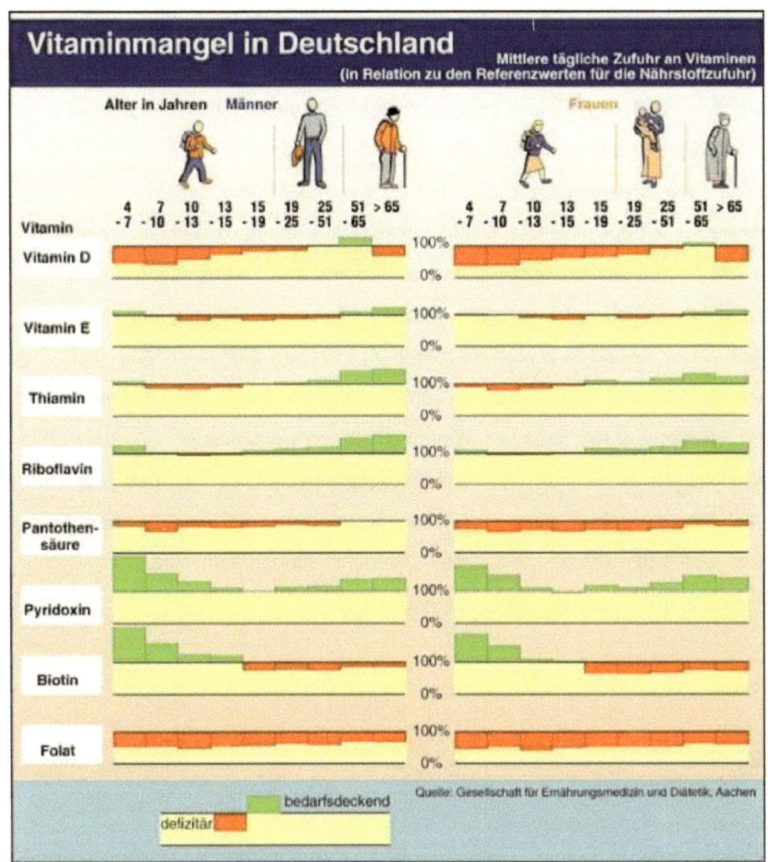


## Untergewicht hat viele Ursachen

Der menschliche Stoffwechsel ist kompliziert und funktioniert bei jedem Menschen anders.

Es ist genetisch bedingt, ob der Mensch eher zu Unter- oder zu Übergewicht

neigt. Bei Schlanken ist oftmals die Wärmeproduktion – insbesondere nach den Mahlzeiten –

erhöht, so dass gleich ein Teil der verzehrten Energie direkt „verheizt" wird. Zudem gibt es

sogenannte frustrane Zyklen, die reichlich Energie verbrauchen. Dann gibt es noch die

„Zappeligen", die selten still sitzen und dadurch viel Energie brauchen. Bei ihnen liegt oft

eine Überfunktion der Schilddrüse vor. Bestimmte Krankheiten können zu Appetitverlust,

einer Veränderung des Geschmacks oder der Vorlieben führen. Veränderungen der Geruchs-

und Geschmackswahrnehmung sind oft auf einen Zinkmangel zurückzuführen. Plötzlich schmeckt selbst die Lieblingsspeise nicht mehr und alleine der Geruch einer bisher gemochten Speise löst Übelkeit und Widerwillen aus. Bei einer Krankheit benötigt der Körper mehr Energie als im gesunden Zustand. Krebserkrankungen führen beispielsweise dazu, dass im Körper Prozesse ablaufen, die

vermehrt Energie verbrauchen. Das ist auch bei Asthma, anderen chronischen Lungenerkrankungen (Mucoviszidose, COPD), Infektionskrankheiten (HIV-Infektion) oder Fieber der Fall. Andere Menschen wiederum essen einfach viel zu wenig oder bevorzugen Lebensmittel, die wenig Kalorien enthalten. Aus diesen genannten Punkten folgt zunächst eine Gewichtsabnahme und dann auch ein Mangel an einzelnen oder vielen Nähr- und Wirkstoffen. Normalerweise ist das Gewicht konstant. Nur wer sich plötzlich und regelmäßig viel bewegt oder weniger isst, nimmt ab. Wer innerhalb von drei Monaten

ohne ersichtlichen Grund mehr als 1/10 seines Ausgangsgewichts oder innerhalb zwei Wochen mehr als 2 Kilogramm abgenommen hat, muss dringend den Arzt aufsuchen! Kommt es zusätzlich plötzlich zum Widerwillen gegenüber Speisen, kann eine konsumierende Erkrankung (Krebs) dahinter stecken.

| Alter in Jahren | Energiezufuhr kcal/Tag bei Männern | Energiezufuhr kcal/Tag bei Frauen |
| --- | --- | --- |
| 13 bis unter 15 | 2700 | 2200 |
| 15 bis unter 19 | 3100 | 2500 |
| 19 bis unter 25 | 3000 | 2400 |
| 25 bis unter 51 | 2900 | 2300 |
| 51 bis unter 65 | 2500 | 2000 |
| 65 und älter | 2300 | 1800 |

*Reichlich Trinken hilft beim Zunehmen*

Viele Menschen vergessen, dass verschiedene Getränke wahre Dickmacher sind und unterschätzen den Energiegehalt von Getränken. Ein Liter Cola enthält beispielsweise 440 Kalorien! Obstsäfte liefern dem Körper ebenso durchschnittlich 450 Kalorien pro Liter und enthalten zudem Vitamine, Mineralstoffe, sekundäre Pflanzenstoffe und sogar Ballaststoffe. Wie auch Gemüsesäfte sind sie den Limonaden vorzuziehen.

**Checkliste für den Ernährungszustand**

Mit der Checkliste für den Ernährungszustand, den die Wissenschaftler des Deutschen Kompetenzzentrum Gesundheitsförderung und Diätetik (www.dkgd.de) entwickelt haben, ist der Ernährungszustand leicht und valide festzustellen:

Wenn Sie mehr als vier Fragen mit „ja" beantwortet, liegt ein Risiko für eine Mangelernährung oder sogar bereits eine akute Mangelernährung vor und es sollte gehandelt werden.

Liegt der Body-Mass-Index (BMI) unter 19? ja/nein

Wurde ungewollt in letzter Zeit abgenommen? ja/nein

Liegt bei ein Druckgeschwür vor? ja/nein

Werden Speisen nur teilweise aufgegessen? ja/nein

Werden folgende eiweißreiche Lebensmittel nur selten verzehrt?

Fleisch/Wurst ja/nein

Fisch ja/nein

Geflügel ja/nein

Milch, Milchprodukte und Käse ja/nein

Hülsenfrüchte ja/nein

Liegt eine Kau- und/oder Schluckstörungen vor? ja/nein

Ist der Zahnstatus schlecht oder bestehen Schwierigkeiten mit der Zahnprothese? ja/nein

Kommt es häufig zu Durchfall? ja/nein

Bestehen häufiger depressive Phasen? ja/nein

Werden appetithemmende Medikamente eingenommen? ja/nein

*Zunehmen leicht gemacht: Die Gestaltung der Mahlzeiten*

Ein bedeutender Punkt ist die Gestaltung der Mahlzeiten.

Sie hat erheblichen Einfluss auf unseren Appetit und die

Menge der verzehrten Speisen. Praktische Empfehlungen für Untergewichtige:

Lassen Sie sich **Zeit** beim Essen. Jede Hauptmahlzeit

sollte mindestens 20 Minuten dauern.

Gewöhnen Sie sich einen bestimmten Mahlzeitenrhythmus

an: empfehlenswert ist Essen im 2 bis 3 Stundentakt.

Dieser Mahlzeitenrhythmus ist auch für Schichtarbeiter,

Pflegepersonal und Früh- oder Spätaufsteher zu empfehlen.

**Genießen** Sie ihr Essen, am Besten an einem schön

gedeckten Tisch und im Sitzen.

Vermeiden Sie „Nebentätigkeiten" während des Essens

wie Lesen, Fernsehgucken usw. Auch Streiterein am Esstisch

können den Appetit verderben. Gespräche an sich

sind natürlich nicht verboten.

Essen Sie statt einer großen lieber mehrere kleinere

Portionen

Über den Tag verteilt **fünf bis acht kleinere Mahlzeiten**

sind zum Zunehmen ideal.

Für Zwischenmahlzeiten sind Studentenfutter, Nüsse,

Sahnejoghurt oder -quark, Käsewürfel und Oliven gut geeignet.

**Tipps und Tricks zur Lebensmittelauswahl**

Menschen, die zunehmen möchten, sollten beim Einkauf nicht zu energiereduzierten

(sogenannten Light-Produkten, kalorienreduzierten oder mageren) Lebensmitteln greifen,

sondern Produkte mit einem „normalen" Fett- und Zuckergehalt kaufen. Hochwertige

Pflanzenöle, Samen, Nüsse und „Studentenfutter" enthalten ein günstiges Fettmuster und

sollten bevorzugt in den Speiseplan eingebaut werden.

Italienische Pasta mit dazugehörigen Saucen ist eine gesunde Hauptmahlzeit und ein guter

Kohlenhydratlieferant.

**Energiereiche Obstsorten** sind Bananen, Kirschen, Weintrauben, Pflaumen oder Avocados und Trockenobst.

Mindestens 3 Mal pro Woche **Fleisch** oder Hülsenfrüchte verzehren.

Mindestens ein Mal pro Woche **fettreichen Seefisch** wie Hering, Thunfisch, Lachs und Makrele essen.

**Unverdünnte Obstsäfte, Limonaden** oder **Schorlen** statt Mineralwasser über den Tag verteilt trinken. Es sollten schon 2 bis 3 Liter Flüssigkeit am Tag sein. Wasser ist zwar ein guter Durstlöscher, ein Zunehmen ist mit diesem Getränk jedoch nicht möglich. Obst- und Gemüsesäfte liefern dem Körper neben wertvollen Kalorien auch Vitamine, Mineralstoffe, sekundäre Pflanzenstoffe und sogar Ballaststoffe. Trauben- und schwarzer Johannisbeersaft weisen überdurchschnittlich viele sekundäre Pflanzenstoffe auf.

**Nüsse**, Mandeln und Samen (Hasel- oder Walnüsse, Pistazien etc.), Studentenfutter, Frucht– oder Nussschnitten sind gute Kraftspender für zwischendurch.

*Einsatz von Energiekonzentraten*

Bilanzierte, hochkalorische Energiekonzentrate können ebenfalls sehr gut zum Anreichern von Speisen und Getränken eingesetzt werden. Sie sind zumeist in Pulverform in Apotheken erhältlich.

**Zunehmen leicht gemacht!**

Ein niedriges Gewicht ist akut bedrohlicher als ein zu hohes Gewicht. Bei starkem Gewichtsverlust oder Untergewicht sollte das Hauptaugenmerk auf eine ausreichende Energieversorgung gerichtet werden. Es gibt mehrere Möglichkeiten, die Kost anzureichern. Neben einer geeigneten Auswahl herkömmlicher Lebensmittel stehen dafür Energiekonzentrate sowie Trink- und Sondennahrungen aus der Apotheke zur Verfügung. Untergewichtige und Mangelernährte profitieren in der Regel von einer relativ eiweißreichen Kost.

**Nahrungsergänzungsmittel zur Optimierung der Ernährung**

Die Industrie bietet für den Verbraucher eine mittlerweile unüberschaubare Vielzahl von Nahrungsergänzungsmitteln und Diätetika an. Das beginnt bei Mineralstoff- und

Vitamintabletten, Omega-3-Fettsäuren, über Proteinkonzentrate und endet bei der

enteralen Ernährung mit Zusatznahrung, Trink- oder Sondennahrung. Multivitamin-

Mineralstofftabletten helfen zwar einen Mangel an Wirkstoffen auszugleichen,

liefern aber keine Energie. Sie sind also beim Zunehmen keine Hilfe.


### Astronautenkost hilft beim Zunehmen

Diätassistenten bezeichnen Astronautenkost als Trink- und Sondennahrung.

Sie liefert dem Körper in idealer Zusammensetzung alles, was er braucht. Wichtige

Anbieter klinischer Ernährung sind heute z.B. die Firmen Pfrimmer Nutricia in Erlangen,

die seinerzeit für die NASA die Astronautennahrung VIVASORB entwickelte.


### Problemfälle: Jugendliche

Jugendliche haben, genauso wie Kinder, einen erhöhten Bedarf an Nährstoffen und Energie,

da sie sich noch in der Entwicklung befinden. Ein Mangel an Nährstoffen kann

Entwicklungsstörungen und eine eingeschränkte Leistungsfähigkeit mit sich ziehen.

Schätzungsweise 13 Prozent der 11- bis 15-jährigen haben Untergewicht oder sogar

starkes Untergewicht. Oftmals leiden viele dieser untergewichtigen Jugendlichen an

Essstörungen.


| Körpergröße und Körpergewicht im Verlauf der Kindheit<br>nach Daten des Forschungsinstituts für Kinderernährung, Dortmund (1980) | | | | |
|---|---|---|---|---|
| Mädchen | | Alter in Jahren<br>(abgeschlossenes<br>Lebensjahr) | Jungen | |
| Körpergröße in<br>cm | Körpergewicht in<br>kg | | Körpergröße in<br>cm | Körpergewicht in<br>kg |
| 75 +/- 6 | 9,3 +/- 1,6 | 1 | 77 +/- 6 | 10,3 +/- 2,0 |
| 87 +/- 7 | 12,2 +/- 2,0 | 2 | 89 +/- 6 | 12,8 +/- 2,0 |
| 96 +/- 9 | 14,5 +/- 2,0 | 3 | 97 +/- 7 | 14,9 +/- 2,5 |
| 103 +/- 9 | 16,6 +/- 3,0 | 4 | 104 +/- 8 | 16,8 +/- 2,5 |

| | | | | |
|---|---|---|---|---|
| 111 +/- 9 | 19,0 +/- 3,0 | 5 | 111 +/- 8 | 19,1 +/- 3,0 |
| 117 +/- 9 | 21,0 +/- 5,0/4,5 | 6 | 117 +/- 9 | 21,2 +/- 4,0 |
| 122 +/- 9 | 23,3 +/- 6,0/5,5 | 7 | 124 +/- 10 | 24,0 +/- 4,5 |
| 129 +/- 9 | 26,8 +/- 6,5/5,5 | 8 | 130 +/- 10 | 26,9 +/- 6,0/5,5 |
| 135 +/- 10 | 29,8 +/- 8,5/6,0 | 9 | 135 +/- 11 | 29,6 +/- 8,0/6,5 |
| 142 +/- 11 | 34,5 +/- 9,0/7,5 | 10 | 141 +/- 12 | 33,5 +/- 9,0/7,0 |
| 148 +/- 12 | 38,8 +/- 10,5/7,5 | 11 | 147 +/- 13 | 37,1 +/- 9,0/7,5 |
| 154 +/- 14 | 43,7 +/- 11,0/10,0 | 12 | 156 +/- 14 | 45,1 +/- 11,0/10,5 |
| 158 +/- 13 | 46,3 +/- 13,0/12,0 | 13 | 161 +/- 16 | 50,5 +/- 12,0/11,0 |
| 165 +/- 11 | 54,3 +/- 12,0/10,0 | 14 | 176 +/- 14 | 59,3 +/- 11,0/10,0 |

**Essstörungen (Magersucht/Bulimie)**

Übertriebene Vorstellungen von der ersehnten Traumfigur und ein verzerrtes Selbstbild können Ursachen für ein gestörtes Essverhalten sein. Besonders Mädchen in der Pubertät, zunehmend aber auch Jungen sind gefährdet. Von Magersucht Betroffene belegen sich selbst mit einer strikten Einschränkung der Nahrungszufuhr. Ihr ganzes Denken kreist um Figur, Essen und Gewicht. Selbst stark untergewichtige Patienten fühlen sich noch zu dick. Tragisch ist, dass etwa 5 bis 20 Prozent der Magersüchtigen an den Folgen der Unterernährung sterben. Bulimia nervosa (Bulimie) wird auch als Fress- und Brechsucht bezeichnet, da ein Symptom dieser Essstörung das unkontrollierte Verschlingen riesiger Nahrungsmengen in sehr kurzer Zeit und das anschließende Erbrechen ist. Bulimiker halten sich ebenfalls für zu dick und nehmen ihren Körper als unförmig und übergewichtig wahr. Nach Schätzungen des Deutschen Kompetenzzentrum Gesundheitsförderung und Diätetik leiden in Deutschland 650.000 Frauen an Bulimie.

Bulimiker haben meist ein normales Körpergewicht und leiden aufgrund ihrer Erkrankung an Mangelernährung. Betroffen sind besonders Frauen im Alter zwischen 15 und 35 Jahren. Magersucht und Bulimie haben psychische Ursachen. Die Betroffenen haben oft ein geringes Selbstwertgefühl und das Bedürfnis, Erwartungen von außen in idealer Art und Weise zu entsprechen. Ein ganzheitliches Therapiekonzept bietet einen erfolgreichen Weg aus der Essstörung. Es umfasst analytische Psychotherapie, Gruppen- und Verhaltenstherapie, körper-, gestaltungs- sowie familienorientierte Elemente. Es erfordert eine intensive, gemeinsam mit dem Patienten erarbeitete Zusammenarbeit mit Internisten, Psychotherapeuten und ernährungsmedizinischem Fachpersonal (Diätassistenten und Diplom Oecotrophologen). Um ein Verhungern zu verhindern, ist gegebenenfalls eine Ernährungstherapie mit künstlicher Ernährung notwendig. Bei lebensbedrohlichen Zuständen muss der Patient in der Regel über eine Nasen- oder Magensonde (PEG) mit Sondennahrung versorgt werden. Die Therapie ist ein langfristiger Prozess, der sich über mehrere Jahre erstreckt. Je früher die Behandlung beginnt, desto kürzer ist die Therapie und desto besser ist die Aussicht auf Behandlungserfolg.

**Problemfall: Senioren**

Der Ernährungsstatus vieler Senioren in Deutschland ist besonders schlecht. Der Energiebedarf sinkt im Alter parallel zum altersbedingten physiologischen Abbau. Die Muskelmasse nimmt infolge der meist verminderten körperlichen Aktivität ab. Der Nähr- und Wirkstoffbedarf bleibt jedoch weitgehend unverändert, erhöht sich sogar teilweise. Der Energiebedarf von Senioren bewegt sich zwischen 1.700 und 1.900 Kilokalorien. Krankheiten, Fieber, Infektionen oder Wundheilungsprozesse führen zu einem Mehrbedarf. Besondere Aufmerksamkeit muss der Eiweißzufuhr geschenkt werden. Das Deutsche Kompetenzzentrum Gesundheitsförderung und Diätetik empfiehlt Senioren eine Zufuhr von 1,0 bis 1,25 Gramm Eiweiß pro Körperkilogramm. Gerade diese Bevölkerungsgruppe entwickelt sich häufig zu so genannten Puddingvegetariern. Weißbrot mit Marmelade und eine Tasse Kaffee bilden oft die Hauptmahlzeit des Tages. Das ist zu wenig – ein Gewichtsverlust und Nährstoffmangel ist bei dieser Tagesration vorprogrammiert. Vor allem aber trinken Senioren viel zu wenig, weil sie im Vergleich zu Jüngeren weniger Durstgefühl verspüren. Auch der Appetit nimmt oft mit zunehmenden

Alter ab. „Früher schmeckte mir alles besser", dieser Satz ist tatsächlich wahr. Durch unsere

Sinne Sehen, Riechen, Schmecken nehmen wir den Gesamtgeschmack

einer Speise oder von Getränken war. Mit den Jahren geht die Anzahl der

Geschmacksknospen auf der Zunge zurück. Die Geschmacksrichtungen süß, sauer, salzig

und bitter werden dann erst ab einer höheren Intensität wahrgenommen. Auch der

Geruchssinn nimmt mit dem Alter ab. Das Essen und die Getränke schmecken daher oft fad.

Häufig ist die Verminderung des Geschmacks- und Geruchssinns auch auf einen Zinkmangel

zurückzuführen.

**Problemfall: Krebskranke**

In der Regel geht eine Krebserkrankung mit einer starken Gewichtsabnahme einher. Bis zu

50 Prozent der Krebspatienten sind mangelernährt und untergewichtig. 20 Prozent aller

krebsbedingten Todesfälle sind ausschließlich auf eine Mangelernährung zurückzuführen!

Eine Spezialdiät oder besondere Kostform, die eine Krebserkrankung

heilt oder gar den Tumor aushungert, gibt es nicht. Bei einigen Krebsformen hat sich eine

fettreiche und relativ kohlenhydratarme Ernährungsweise bewährt. Eine ausgewogene,

bedarfsgerechte Ernährung hilft, eventuell vorliegende Mangelzustände zu beheben, ihnen

vorzubeugen, das Körpergewicht zu halten oder zu steigern. Ein gesundes Körpergewicht

unterstützt die Therapie, stärkt das Immunsystem und hilft, die Lebensqualität

aufrechtzuerhalten. Ursachen für die Mangelernährung sind einerseits

die tumorbedingten Vorgänge im Körper, die an der Substanz zehren. Andererseits führen

Behandlungen wie Strahlen- oder Chemotherapie mit mehr oder weniger starken

Nebenwirkungen zu weiterem Gewichtsverlust. Schmerzen, Kau- und Schluckbeschwerden,

Übelkeit und Erbrechen, veränderte Geschmacksentwicklung und Abneigungen gegenüber

bestimmten Nahrungsmitteln bedingen eine zu geringe Nahrungsaufnahme. Die psychische

Belastung durch die Krankheit kommt erschwerend hinzu. Die Bedeutung des

Ernährungszustandes wird leider von vielen Medizinern stark unterschätzt. Daher ist auf die

Gewichtsentwicklung ein besonderes Augenmerk zu legen.

Trink- und Sondennahrung ist bei der Diagnose Krebs erstattungsfähig.

**Problemfall: Medikamente, die den Appetit verderben**

Verschiedene Arzneimittel (z.B. Acetylsalicylsäure, Breitbandantibiotika, orale Kontrazeptiva, Laxanzien oder Gallensäurebinder) können Mangelerscheinungen bewirken oder in Folge ihrer Nebenwirkungen für eine Mangelernährung mitverantwortlich sein. Eine Gewichtsabnahme kann durch Appetitminderung oder völlige Inappetenz, Übelkeit, Erbrechen, Völlegefühl, Sodbrennen oder Durchfall bedingt sein. Antirheumatika, Zytostatika (Krebsmedikamente), Antibiotika oder Antihistaminika können u. a. für diese Nebenwirkungen verantwortlich sein.

**Lösung in bestimmten Fällen: Klinische Ernährung**

Eine klinische Ernährung mit Trink- oder Sondennahrung kann entweder oral oder über eine Sonde erfolgen. In Deutschland sind schätzungsweise 100.000 Menschen auf eine enterale Ernährung über Sonden angewiesen. Daneben gibt es noch die parenterale Ernährung, bei der die Nährstoffe über Infusionslösungen verabreicht werden. Unter parenteraler Ernährung versteht man die Gabe von Nährlösungen direkt in die Blutbahn (über einen zentralen oder peripheren Venenkatheter). Sie kommt zum Einsatz, wenn der Gastrointestinaltrakt nicht funktionsfähig ist. Zwischen 10.000 und 25.000 Menschen in Deutschland müssen parenteral ernährt werden. Die Nährstoffe der Infusionslösungen liegen in wasserlöslicher und für die Gewebe und Organe direkt verwertbarer Form vor. Es gibt inzwischen parenterale Lösungen, die als Fettkomponente Olivenöl beinhalten. Die im Olivenöl enthaltenen Fettsäuren (z.B. die einfach ungesättigte Ölsäure = Monoensäure) haben eine Vielzahl ernährungsmedizinisch sinnvoller Effekte, ähnlich denen in einer mediterranen Ernährung.

**Wann werden Ernährungstherapeutika von Krankenkassen erstattet?**

Vitamine und Mineralstoffe werden von den Krankenkassen nur bei nachgewiesenem Mangel erstattet. Ernährungstherapeutika (Zusatznahrungen, Trink- und  Sondennahrungen) werden von den Krankenkassen in der Regel nicht erstattet. Sie sind nicht apothekenpflichtig, können aber vom Arzt rezeptiert werden, wenn eine der folgenden Voraussetzungen erfüllt ist:

1. Medizinisch indizierte Sondennahrung: Für Patienten, die nicht oder nicht ausreichend essen können oder dürfen, oder bei denen bereits eine Sonde

vorhanden ist

2. Patienten mit konsumierenden Erkrankungen: Erkrankungen

mit krankheitsbedingtem, ungewolltem,

andauerndem Gewichtsverlust z.B. Krebs

3. Stark Untergewichtige mit Mukoviszidose

4. Kurzdarmsyndrom

5. Chronisch terminale Niereninsuffizienz unter eiweißarmer

Ernährung

6. Morbus Crohn

# Kreislauf der Mangelernährung

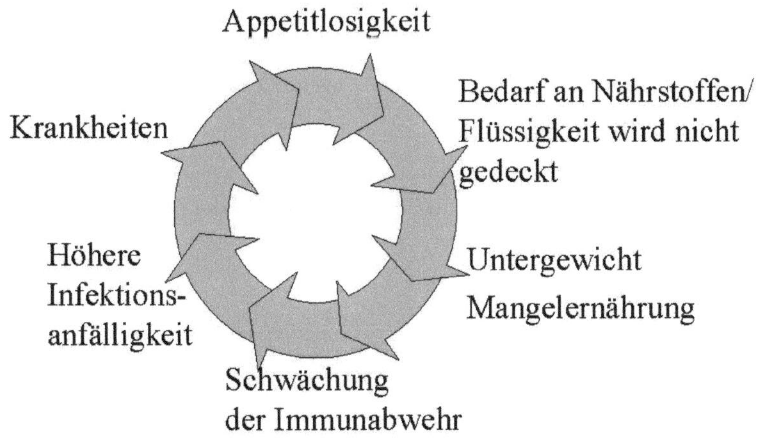


**Literaturtipp:**

**Ernährungsratgeber Untergewicht**

**Sven-David Müller**

**Schlütersche Verlagsgesellschaft mbH**

Literatur/Quellen:

Beim Verfasser

Autor:

Dr. h.c. (AM) Sven-David Müller, M.Sc.

Medizinjournalist und Gesundheitspublizist

Master of Science in Applied Nutritional Medicine

staatlich anerkannter Diätassistent

Diabetesberater der Deutschen Diabetes Gesellschaft

Zentrum und Praxis für Ernährungskommunikation, Diätberatung

und Gesundheitspublizistik (ZEK)

1. Vorsitzender des Deutschen Kompetenzzentrum Gesundheitsförderung und Diätetik e.V.

Ostheimer Straße 27d in 61130 Nidderau bei Frankfurt am Main

Telefon 06187 9948600, Handy 0172-3854563

www.svendavidmueller.de

www.muellerdiaet.de

www.dkgd.de